Dharmendra Kurmi
A.K. Tomar
G. K. Rana

Desenvolvimento de produtos de valor acrescentado do amaranto e estudo químico

Dharmendra Kurmi
A.K. Tomar
G. K. Rana

Desenvolvimento de produtos de valor acrescentado do amaranto e estudo químico

ScienciaScripts

Imprint
Any brand names and product names mentioned in this book are subject to trademark, brand or patent protection and are trademarks or registered trademarks of their respective holders. The use of brand names, product names, common names, trade names, product descriptions etc. even without a particular marking in this work is in no way to be construed to mean that such names may be regarded as unrestricted in respect of trademark and brand protection legislation and could thus be used by anyone.

Cover image: www.ingimage.com

This book is a translation from the original published under ISBN 978-3-659-84691-5.

Publisher:
Sciencia Scripts
is a trademark of
Dodo Books Indian Ocean Ltd. and OmniScriptum S.R.L publishing group

120 High Road, East Finchley, London, N2 9ED, United Kingdom
Str. Armeneasca 28/1, office 1, Chisinau MD-2012, Republic of Moldova, Europe
Printed at: see last page
ISBN: 978-620-8-26738-4

ÍNDICE DE CONTEÚDOS

Capítulo 1

INTRODUÇÃO

A nutrição e a saúde são os factores que mais contribuem para o desenvolvimento dos recursos humanos na Índia. Desde a independência, o país enfrentou dois grandes problemas nutricionais - um era a ameaça de fome e de inanição aguda devido à baixa produção agrícola e à falta de um sistema adequado de distribuição de alimentos, e o outro era a deficiência crónica de energia devido à baixa ingestão alimentar, principalmente devido à pobreza e ao fraco poder de compra. As más condições de saneamento ambiental e a falta de acesso a água potável conduziram a uma elevada prevalência de infecções.

A grande parte da população indiana sofria de vários graus de deficiência energética proteica. O grupo mais vulnerável no que respeita à saúde e ao estado nutricional era o das crianças em idade pré-escolar que viviam em zonas rurais e em bairros de lata urbanos, sendo as crianças pré-escolares tribais as principais vítimas de subnutrição.

Situação da subnutrição nas crianças em Madhya Pradesh

Ano	Total de crianças	Crianças com peso normal	Crianças com baixo peso	Crianças com muito baixo peso	Total de crianças subnutridas
2009-10	6969894	4634609	2197879	137406	2335285
2010-11	7563887	5387766	1960268	215853	2176121
2011-12	6699948	5161704	1417743	121101	1538244
Dez. 2012	6928658	5356599	1436075	135984	1572059

(Ref., Govt. of Madhya Pradesh, 15.03.2013, VidhanSabha Record, Bhopal)

O biscoito é definido como um pequeno bolo fino e estaladiço feito de massa sem fermento (Fayemi, 1981). A produção de biscoitos é uma mistura de farinha e água, mas pode conter gordura, açúcar e outros ingredientes misturados numa massa que repousa durante um certo período e depois é passada entre rolos para fazer uma folha, descrita por Okaka (1997). Os biscoitos eram considerados como a dieta dos doentes nos primeiros tempos. Os biscoitos são muito fáceis de transportar, saborosos de comer, sem colesterol e de custo razoável. Os biscoitos são mais susceptíveis de desenvolver diferentes combinações para satisfazer uma grande variedade de exigências dos consumidores no que diz respeito ao sabor e às necessidades nutricionais. As bolachas constituem um instrumento adicional eficaz para melhorar o fornecimento de proteínas alimentares, a fim de superar a desnutrição proteico-energética entre a população indiana.

As proteínas e os micronutrientes, especialmente os minerais, estão a ganhar mais importância porque as suas deficiências são reconhecidas como um grande problema de saúde. As bolachas convencionais contêm um baixo nível de proteínas de má qualidade (Rajor et. al., 1989). O ingrediente básico das bolachas é a farinha de trigo, que contém cerca de 12% de proteínas, 71,2% de hidratos de carbono, 1,5% de minerais e 1,2% de fibras, mas é deficiente no aminoácido essencial lisina.

Na Índia, o trigo é cultivado numa área de 25,68 Mha com uma produção anual de 74,04 Mt, e em Madhya Pradesh é cultivado numa área de 2,69 Mha com uma produção anual de 3,89 Mt.

O amaranto é fácil de cultivar, rico em nutrientes e um pseudo cereal subutilizado que pode desempenhar um papel importante na luta contra a desnutrição e a fome que ocorrem devido à baixa pluviosidade e às más condições do solo. O amaranto cresce bem e tem uma elevada tolerância a condições de stress hídrico e a solos pobres onde os cereais tradicionais não podem ser cultivados.

O amaranto é uma das poucas culturas polivalentes que pode fornecer cereais e vegetais folhosos saborosos de elevada qualidade nutricional como alimento para consumo humano e animal e, além disso, devido à coloração atractiva da inflorescência, o amaranto pode ser cultivado como planta ornamental. Os pseudocereais são espécies dicotiledóneas que não estão estreitamente relacionadas entre si ou com os verdadeiros cereais monocotiledóneos.As sementes de amaranto, com o seu fenomenal perfil nutricional, fornecem vários nutrientes importantes, como a composição média de 13,1 a 21,0 % de proteína bruta; 5,6 a 10,9 % de gordura bruta; 48 a 69 % de amido; 3,1 a 5,0 % de fibra alimentar e 2,5 a 4,4 % de cinzas. A composição proximal é inconsistente entre e dentro das espécies. Devido à prevalência da subnutrição proteico-energética e de micronutrientes, a FAO/ONU lançou o seu "Programa de Farinha Composta" já em 1964.

O principal problema da utilização do amaranto como componente que substitui o trigo nas misturas resulta do facto de não conter glúten. No entanto, independentemente dos valores nutritivos e do aspeto do pão, a aceitação de qualquer produto depende das suas qualidades sensoriais.

Uma combinação judiciosa de trigo e amaranto poderia fornecer excelentes biscoitos nutritivos com proteínas e minerais equilibrados e pode tornar-se útil para melhorar o estado nutricional da população. Este estudo tenta desenvolver biscoitos ricos em proteínas, cálcio, fósforo e ferro com o objetivo de utilizar a farinha de amaranto. Até à data, não foi formulada qualquer recomendação para o produto. Assim, à luz dos antecedentes acima referidos, a presente investigação "Padronização de processos para o desenvolvimento de produtos de valor acrescentado à base de amaranto e sua avaliação de qualidade" foi levada a cabo com os seguintes **objectivos**

- Normalizar o produto desenvolvido a partir do amaranto.
- Estudar as propriedades físico-químicas do produto desenvolvido.
- Estudar a aceitabilidade com base nas propriedades organolépticas do produto desenvolvido.

REVISÃO DA LITERATURA

Neste capítulo, foi feita uma tentativa de assimilar os trabalhos anteriores no âmbito do presente estudo, que foram úteis na interpretação dos resultados. A literatura referia-se ao planeamento e execução da presente investigação e à discussão dos resultados. A revisão foi apresentada da seguinte forma.

2.1 Biscoitos ricos em proteínas:

Tsen et al. (1971) relataram que uma mistura de farinha de trigo fortificada com 12% de farinha de soja desengordurada aumentava o teor de lisina duas vezes mais do que o trigo sozinho e o teor de proteína do pão feito com essa mistura de farinha aumentava em aproximadamente 35%.

Rao et al. (1984) afirmaram que os biscoitos ricos em proteínas de qualidade aceitável foram preparados usando jowar (sorgo), soja e leite desnatado (na proporção de 60:30:10). O método de fabrico consistiu na pré-gelatinização de 30 partes de farinha de jowar e mistura seca das restantes 30 partes com 30 partes de farinha de soja gorda, 10 partes de leite desnatado em pó, 0,5 partes de CMC e 1,0 partes de bicarbonato de sódio. A gordura vegetal (9,35 partes para biscoitos com baixo teor de gordura e 24,2 partes para biscoitos com alto teor de gordura) foi esfregada com açúcar moído (36,0 partes para biscoitos com baixo teor de gordura e 44 partes para biscoitos com alto teor de gordura) até obter uma consistência cremosa e misturada com farinha de jowar pré-gelatinizada e outros ingredientes da mistura seca. A massa foi trabalhada e depois enrolada até 3mm de espessura, cortada em pequenos pedaços e cozida a 170±5 C durante 15-20 min.

Rajput et al. (1988) relataram que estudos laboratoriais sobre a preparação de biscoitos de alta proteína indicaram que algumas das fontes de proteína não convencionais, tais como concentração de proteína de mostarda (MPC), farinha de semente de algodão (CSF), ou isolado de proteína de semente de algodão (CSPI) poderiam ser convenientemente utilizados para aumentar o teor de proteína em biscoitos de 5,9 a 11,3-18,1%. Em geral, a incorporação de diferentes concentrados de proteínas afectou a crocância, o sabor e a aceitabilidade global, como indicado pelas pontuações sensoriais, mas aumentou a relação de espalhamento e o fator de espalhamento, que dependem do nível de incorporação. O nível ótimo de incorporação foi encontrado para ser 15% no caso de MPS ou CSPI e 10% no caso de CSF. A qualidade dos biscoitos de alta proteína pode ser melhorada pela incorporação de 0,5% de esteroyl-2-lactylate de sódio na formulação.

Singh et al. (1993) relataram o desenvolvimento de biscoitos de alta proteína a partir de farinha composta preparada com trigo, grama verde, grama de Bengala e grama preta.

Onweluzo e Lwezu (1998) relataram que o biscoito de farinha de mandioca e soja (1:1) tinha maior valor proteico e calórico do que o biscoito de farinha de trigo. O biscoito de trigo: soja (1:1) tinha o dobro do valor proteico do biscoito de farinha de trigo e um valor calórico mais elevado

Srivastava et al. (2002) desenvolveram biscoitos incorporando 40% de milheto / milheto de quintal para diabéticos.

Gupta e Grewal (2003) incorporaram o pó de cenoura a 5, 10, 15 e 20% em diferentes tipos de biscoitos para melhorar os nutrientes protectores.

Kaul et al. (2003) Desenvolveram snacks cozinhados com elevado teor proteico e energético utilizando trigo, ragi, jowar, milho, soja, amendoim e sésamo.

SatyanarayanaSwamy et al. (2003) Desenvolveram bolachas não tradicionais à base de cereais, ricas em cálcio, utilizando milho painço, farinha de trigo, farinha de soja e amido.

Tripathi et al. (2003) relataram que, para aumentar o valor nutricional dos biscoitos, a farinha de trigo foi fortificada com farinha de soja gorda na proporção de 95:5, 90:10, 85:15, 80:20, 75:25, 70:30.

Garuda (2004) constatou que, para além do seu excelente valor nutricional, a amaranto tem um teor muito baixo de sódio e não contém gorduras saturadas.

Sindhuja et al. (2005) Foram efectuados estudos em biscoitos de farinha composta incorporando farinha de semente de amaranto *(Amaranthusgangeticus)*, que é rica em proteínas a níveis de 0-35%, mostraram uma pequena redução na capacidade de absorção de água de 58,0 para 56,5%, uma redução considerável na estabilidade Farinograph de 3,0 para 1,5 min e um aumento no índice de tolerância de mistura de 40 para 120 BU da massa. A incorporação de farinha de amaranto melhorou a cor das bolachas de creme claro para castanho dourado.

Solve et al. (2010) relataram que a incorporação de 100% de farinha doce de rajKeera em biscoito doce e salgado foi o mais aceitável. A adição de rajKeera aumenta o teor de proteína, ferro e cálcio e também foi considerada organolepticamente aceitável.

Nidhi e Indira (2012) relataram que as receitas com farinha de amaranto são mais nutritivas, com a vantagem adicional de um aumento significativo do teor de proteínas, cálcio e ferro com hidratos de carbono adequados, aliviando assim o problema da desnutrição. Os resultados da pontuação organoléptica dos biscoitos suplementados com farinha de amaranto em grão foram melhor avaliados quando misturados até 30 por cento, embora aceitáveis mesmo até 50 por cento.

2.2 Bolachas ricas em cálcio:

Sehecie e Dragojevic (2005) estudaram a avaliação de algumas bolachas duras produzidas na Croácia como fonte de diferentes minerais, nutrição, microelementos Ca, Mg, Na e K determinados por espetroscopia de emissão atómica com plasma indutivamente acoplado (ICP-AES) em bolachas clássicas doces de farinha de trigo branca e em bolachas dietéticas enriquecidas doces e salgadas. O conteúdo de Ca e Mg em diferentes tipos de biscoitos variou de 20,43 a 87,92 mg/100 g e de 17,29 a 59,53 mg/100 g, respetivamente.

Singh et al. (2006) a investigação revelou que todos os tipos de biscoitos eram organolepticamente aceitáveis, com bom perfil mineral e baixa quantidade de antinutrientes. No entanto, o biscoito preparado com farinha branqueada tinha um teor elevado de cálcio, fósforo, ferro e manganês em comparação com o preparado com farinha maltada. Observou-se um baixo teor de anti-nutrientes e uma elevada digestibilidade in vitro nos biscoitos preparados com farinha branqueada. A adição de farinha de soja ao biscoito também ajuda a aumentar o perfil mineral em comparação com o preparado sem incorporação de farinha de soja.

2.3 Componentes químicos:

I.S.I. (1974) recomendou a especialização para biscoitos ricos em proteínas como humidade 6.0%, proteína 13.0% (min.), gordura 12.0% (min.) e cálcio 450 mg% (min.).

Rao et al. (1984) prepararam biscoitos ricos em proteínas usando jowar, soja e leite desnatado e tinham uma composição de 4.4-4.5% de humidade, 13.25, 15.18% de proteína, 12.50-19.50% de gordura, 2.86-3.60% de cinzas, 59.81-64.25% de hidratos de carbono totais e 575-605mg % de cálcio.

Dreher e Patek. (1984) estudaram as caraterísticas químicas de bolachas de feijão-marinho fortificadas com 10 a 30% de proteína (controlo). O teor de cinzas variou de 1,38 a 1,89 5%, tendo o controlo o valor mais baixo e as bolachas de farinha de feijão um teor de cinzas crescente diretamente relacionado com o nível de farinha de feijão. O teor de lípidos variou entre 34,08 e 36,52%, tendo o controlo um teor de óleo ligeiramente superior. O teor de proteínas variou entre 7,04 e 9,42%, tendo as bolachas do controlo o valor mais baixo e as bolachas com 30% de farinha rica em proteínas o valor mais alto.

França. (1988) Analisou 10 amostras de bolachas de chocolate preparadas industrialmente. A gama de constituintes relatados foi: proteínas 5-7,8, lípidos 16,927,0, hidratos de carbono 60,8-76,5%, energia 443-522 kcal/100g, cálcio 20,6106,6, e sódio 32-547 mg/100g.

Reddy et al. (1990) relataram que a adição de farinha de sementes de amaranto (rajKeera) aumentou o conteúdo de proteína bruta, fibra, cinzas, gordura, ferro e cálcio em biscoitos doces e biscoitos salgados.

Leelavathi et al. (1993) relataram a utilização de farelo de trigo para desenvolver bolachas com elevado teor de fibras. A farinha pode ser substituída até 30% sem afetar a qualidade geral do biscoito. O teor de fibra alimentar dos biscoitos acabados era 7 vezes superior ao do controlo.

Semwal et al. (1996) avaliaram vários biscoitos comerciais e relataram que 25 marcas de biscoitos de glicose e 7 outras variedades tinham 2,478,75% de humidade, 1,04-24,60% de gordura, 5,46-8,90% de proteína, 0,9-1,4% de cinzas, 800-4950 mg/kg de sódio e 450-1720 mg/kg de potássio, 120-1800 mg/kg de cálcio, enquanto os valores totais de energia variavam entre 365 e 501 k cal.

Evgeny N. Ofitserov (2001) O amaranto contém uma composição proteica única, amido com grânulos de tamanho não inferior a 1 mícron, vitaminas (A, B, C, E, P), carotenóides, quantidades substanciais de pectina, micro e microelementos, cálcio em grandes quantidades, óleo altamente insaturado, com esqualeno no seu conteúdo (até 8%) e uma série de outras substâncias bioactivas. O papel destas substâncias no funcionamento do organismo e a sua utilização na medicina não convencional foram discutidos resumidamente.

Ferreira e Areas (2004) o objetivo deste estudo foi avaliar a qualidade proteica do amaranto cru, tostado e extrudido. Cada uma das dietas de amaranto extrusado alcançou valores de razão de proteína líquida (NPR) maiores do que o controlo de caseína e as dietas de amaranto cru e tostado. Por outro lado, a digestibilidade verdadeira (TD) foi semelhante à da dieta crua e de todos os grãos processados, extrudida e tostada, e inferior à da dieta de controlo de caseína.

Akubugwo et al. (2007) A análise aproximada mostrou que a percentagem de humidade, teor de cinzas, proteína bruta, lípidos brutos, fibra bruta e hidratos de carbono das folhas é de 84,48, 13,80, 17,92, 4,62, 8,61 e 52.18%, respetivamente, enquanto o seu valor calorífico é de 268,92 Kcal/100 g. A análise elementar em mg/100 g (DW) indicou que as folhas continham sódio (7,43), potássio (54,20), cálcio (44,15), magnésio (231,22), ferro (13,58), zinco (3,80) e fósforo (34,91). A composição vitamínica das folhas em mg/100 g (DW) foi _-caroteno (3,29), tiamina (2,75), riboflavina (4,24), niacina (1,54), piridoxina (2,33), ácidos ascórbico (25,40) e - tocoferol (0,50). Foram detectados 17 aminoácidos (isoleucina, leucina, lisina, metionina, cisteína, fenilalmina, tirosina, treonina, valina, alanina, arginina, ácido aspártico, ácido glutâmico, glicina, histidina, prolina e serina). A composição química em mg/100 g (DW) para alcalóides, flavonóides, saponinas, taninos, fenóis, ácido cianídrico e ácido fítico foi de 3,54, 0,83, 1,68, 0,49, 0,35, 16,99 e 1,32, respetivamente. Comparando os constituintes nutricionais e químicos com os valores da dose dietética recomendada (RDA), os resultados revelam que as folhas contêm uma quantidade apreciável de nutrientes, minerais, vitaminas, aminoácidos e fitoquímicos e baixos níveis de substâncias tóxicas.

Mlakar et al. (2009) descrevem brevemente a importância da cultura, a botânica e a composição química, incluindo novas descobertas sobre o valor nutritivo e as propriedades do amaranto em grão transformado em alimento. Em especial, são discutidas as propriedades reológicas de farinhas compostas que contêm amaranto e a sua adequação para o fabrico de pão fortificado.

Mlakar et al. (2010) Esta involução aumentou a vulnerabilidade da agricultura, reduziu a diversidade genética, provocou alguns problemas ambientais e empobreceu a dieta humana. Os factos mencionados estimulam a recuperação de culturas alternativas para a produção. O presente documento descreve sucintamente a importância da cultura, a botânica, o valor nutricional e a utilização do amaranto em grão.

Barca et al. (2010) Os alimentos de panificação sem glúten são um desafio para os tecnólogos e nutricionistas, uma vez que os ingredientes alternativos utilizados nas suas formulações têm fracas propriedades funcionais e nutricionais. Por isso, foram formulados pães e biscoitos sem glúten usando amaranto cru e estourado, um grão com nutrientes de alta qualidade e propriedades funcionais promissoras, procurando as melhores combinações. A melhor formulação para o pão incluiu 60-70% de farinha de amaranto estalado e 30-40% de farinha de amaranto cru, o que produziu pães com miolo homogéneo e maior volume específico (3,5 ml/g) do que outros pães sem glúten. A melhor receita de biscoitos tinha 20% de farinha de amaranto estourada e 13% de amaranto estourado integral. O fator de expansão foi semelhante aos controlos à base de amido e a dureza foi semelhante (10,88 N) a outras bolachas sem glúten. O teor de glúten dos produtos finais foi de cerca de 12 ppm. A funcionalidade da massa à base de amaranto foi aceitável, embora não tenham sido adicionados hidrocolóides, e os produtos finais sem glúten tinham um elevado valor nutricional.

Kumar et al. (2011) estudaram o conteúdo nutricional e as propriedades medicinais do trigo. Concluíram que o trigo é uma boa fonte de proteínas, minerais, vitaminas do grupo B e fibras alimentares, ou seja, um excelente alimento para a saúde. Contém 78,10% de hidratos de carbono, 14,70% de proteínas, 2,10% de gorduras, 2,10% de minerais e propriedades consideráveis de vitaminas (tiamina e vitamina B) e minerais (zinco, ferro). O gérmen de trigo, que foi removido no processo de refinação, é também rico em vitamina E essencial.

Mburu et al. (2012) O produto de grão de amaranto era rico em proteínas com 0,5 g/10g de lisina, um aminoácido limitante nos cereais, e metionina, um aminoácido limitante nas leguminosas. O produto tinha uma boa quantidade de 44,4 mg/100g de a-tocoferóis, importantes para o desenvolvimento infantil. O produto era também rico em ácido oleico (36,3%) e ácido linoleico (35,9%), com algumas quantidades de ácido linolénico (3,4%), que são importantes para o crescimento dos lactentes. Também continha boas quantidades de minerais importantes, como potássio (324,4 mg/100g), fósforo (322,8 mg/100g), cálcio 189,1 (mg/100g), magnésio (219,5 mg/100g), ferro (13,0 mg/100g) e zinco (4,8 mg/100g). Considerando o produto de grão de amaranto dado ao bebé três vezes por dia, numa reconstituição de 15% do produto, os níveis de magnésio, manganês e tocoferol estavam muito acima das doses recomendadas, enquanto a proteína, o fósforo, o ferro, o zinco, a riboflavina e a niacina estavam acima das necessidades médias. Por conseguinte, a reconstituição do produto com leite enriqueceria os nutrientes deficientes, especialmente o ferro e o zinco, que são nutrientes cruciais para os bebés.

Emire e Arega (2012) relataram que os teores de proteína, gordura, cinzas, ferro, zinco, fósforo e cálcio nas misturas aumentaram significativamente com o aumento da substituição do amaranto. Concluiu-se que as misturas de farinha contendo até 10% de amaranto e cozidas a 220 graus Celsius durante 18 minutos podem ser utilizadas na produção industrial de pão. A substituição da farinha de trigo por farinha de amaranto pode contribuir para a melhoria da segurança alimentar e para a produção de vários produtos de valor acrescentado sem glúten.

2.4 Avaliação sensorial:

Rao et al. (1984) Usaram jowar (sorgo), soja e leite desnatado seco na proporção de 60:30:10 na produção de biscoitos. Gordura vegetal 9.35 partes para biscoitos de baixo teor de gordura e 24.2 partes para biscoitos de alto teor de gordura foi esfregada com açúcar moído (36.0 partes para biscoitos de baixo teor de gordura e 44 partes para biscoitos de alto teor de gordura) e 1 parte de bicarbonato de sódio para uma consistência cremosa e misturada com os ingredientes secos. A utilização de CMC e bicarbonato de sódio a 0,5 e 1,0 %, respetivamente, melhorou a textura dos biscoitos. O aumento da percentagem de gordura dos biscoitos melhorou a textura do biscoito.

Singh et al. (1993) Observaram que a farinha de trigo contendo farinha de grama de Bengala afectava negativamente a textura do grão superior e a cor dos biscoitos.

Singh et al. (1996) Prepararam biscoitos a partir de misturas contendo proporções variáveis de farinha de soja desengordurada usando o método tradicional de cremes e avaliaram o diâmetro, a espessura, a relação de espalhamento, o fator de espalhamento, a dureza e as caraterísticas sensoriais. A espessura dos biscoitos fortificados com soja aumentou, enquanto que o diâmetro, a razão de espalhamento e o fator de espalhamento dos biscoitos diminuíram com o aumento do nível de DSF.

Singh et al. (1997) Os resultados da avaliação sensorial revelaram que as pontuações para a textura e aceitabilidade global no controlo, bem como em biscoitos de soja melhoraram até 30% de nível de gordura e depois diminuíram. No entanto, os efeitos dos níveis crescentes de açúcar sobre a textura e a aceitabilidade global aumentaram até 37% nos biscoitos de controlo e depois diminuíram, enquanto que nos biscoitos de soja foram observados efeitos de melhoria até ao nível máximo de açúcar.

Kotwaliwale et al. (2001) relataram que a substituição da farinha de trigo até ao nível de 40% por farinha de soja desengordurada na receita padrão de biscoitos doces aumentou o teor de proteína de 6,5 para 14,8%. Os resultados da avaliação sensorial mostraram que todos os biscoitos das várias misturas eram aceitáveis, sem diferenças significativas entre eles.

Shrivastava et al. (2002) avaliaram os parâmetros sensoriais e revelaram que os três tipos de biscoitos, barnyard, finger millet e controlo, foram muito apreciados.

Gupta e Grewal. (2003) relataram que os momentos de derretimento, o biscoito doce e o biscoito salgado adocicado contendo 10% de cenoura em pó foram muito apreciados; os que continham 15% foram apreciados moderadamente e o biscoito contendo 20% de cenoura em pó não foi apreciado nem rejeitado pelos juízes.

Mishra e Kulshrestha. (2003) Os resultados da avaliação sensorial (aspeto, cor, sabor, textura, gosto e aceitabilidade global) revelaram que a variedade 'OP-1' foi mais bem classificada em termos de textura, gosto e aceitabilidade global do que as outras duas variedades. Os biscoitos preparados a partir da farinha fresca tiveram melhor classificação na cor, textura e sabor do que os biscoitos preparados a partir da farinha armazenada a temperatura refrigerada durante seis meses.

Sadana e Chabra (2004) efectuaram uma investigação sobre o desenvolvimento e avaliação sensorial de formulações alimentares de baixo custo para desmame. Concluíram que as formulações de alimentos de desmame com farinha de cereais germinada e suplementada eram mais aceitáveis em comparação com os produtos de controlo preparados com farinha de trigo ingerida.

Ljubica et al. (2009) Os produtos extrudidos de grão de amaranto têm um aroma específico e podem ser utilizados como aperitivo, suplemento em cereais de pequeno-almoço ou como matéria-prima para processamento posterior. Os produtos extrudidos de misturas de grãos de milho-amaranto, contendo 20% ou 50% de grãos de amaranto, foram produzidos por extrusão-cozedura utilizando uma extrusora de parafuso único Brabender 20 DN de laboratório. Foram obtidos extrudados com diferentes texturas. Durante o processo de extrusão, os grânulos de amido são parcialmente degradados, pelo que foram examinadas as propriedades reológicas. Todas as amostras apresentaram um comportamento de fluxo tixotrópico. As amostras em que parte dos grãos de milho foi substituída por grãos de amaranto apresentaram uma viscosidade mais baixa e um menor nível de estruturação durante o armazenamento.

2.5 Prazo de validade:

Leelavathi (1993) afirmou que os biscoitos tinham um prazo de validade de aproximadamente 90 dias quando embalados em bolsas de polipropileno de 100 gauge e armazenados a 27±2 c e 60±2 % RH.

Sinha e Ali (1993) relataram que a suplementação de farinha de trigo com FDS melhorou o prazo de validade de produtos de panificação, para além de aumentar o teor de proteínas.

Raoef al (1995) Entre os materiais de embalagem utilizados, as amostras de sacos laminados de papel, folha de alumínio e polietileno foram mais estáveis e aceitáveis.Awasthi e Yadav (1998) os biscoitos foram embalados em dois tipos diferentes de materiais de embalagem viz., filme de polipropileno de alta densidade (calibre 160) e laminado de celofane (calibre 150) e armazenados em condições ambientais. A humidade relativa média mínima e máxima foi de 62±15,2 e 84,1 ±9,9%, respetivamente. As amostras de bolachas embaladas em materiais de embalagem laminados foram bem armazenadas durante 30 dias, enquanto as embaladas em películas de polipropileno puderam ser conservadas durante 45 dias.

Singh et al. (2002) afirmaram que, durante a armazenagem, o teor de humidade, o índice de peróxidos e o teor de ácidos gordos livres das bolachas aumentavam, ao passo que a dureza, a crocância e a aceitabilidade sensorial global das bolachas diminuíam gradualmente. Sugeriram também que o polipropileno provou ser um melhor material de embalagem para as bolachas do que o laminado e que as bolachas nele embaladas podiam ser armazenadas durante 45 dias em condições ambientais, ao passo que, na embalagem laminada, o prazo de validade das bolachas era de 30 dias.

Elizabeth (2010) observou que o amaranto está a ser utilizado em alimentos para o pequeno-almoço, produtos de panificação, alimentos sem glúten e alimentos extrudidos. Para fazer um alimento fermentado, têm de ser misturados com trigo.

Capítulo 2

MATERIAIS E MÉTODOS

A presente investigação sobre "Normalização de processos para o desenvolvimento de produtos de valor acrescentado à base de amaranto e sua avaliação de qualidade" foi efectuada no Departamento de Ciência e Tecnologia Alimentar, Faculdade de Agricultura, J.N.K.V.V., Jabalpur (M.P.) durante o ano de 2013-2014. O capítulo descreve, por conseguinte, os materiais e as várias metodologias utilizadas no inquérito.

3.1 Materiais.

A farinha de trigo refinada, a farinha de amaranto e vários ingredientes como o açúcar, a glucose, o bicarbonato de sódio, o bicarbonato de amónio, o óleo vegetal, o fermento em pó, a essência de baunilha e o sal foram adquiridos no mercado local.

3.2 Preparação de bolachas fortificadas com amaranto.

As bolachas doces de farinha de trigo (controlo) e as misturas de farinha de amaranto (composto de açúcar, gordura, fermento em pó e água) foram preparadas utilizando o método tradicional de cremosidade descrito por Whitley (1970), tendo sido utilizada a seguinte fórmula geral para a preparação do produto. A quantidade necessária de açúcar, gordura e aroma (baunilha) foi bem batida. A esta mistura, foram adicionados os restantes ingredientes, bem misturados, juntamente com a quantidade necessária de água. O conteúdo foi misturado durante mais 2 minutos para obter uma massa com a consistência desejada. Utilizando um rolo de madeira, a massa foi enrolada numa folha de espessura uniforme de aproximadamente 5 mm. Em seguida, as bolachas foram cortadas em pedaços redondos e colocadas num tabuleiro untado. O tabuleiro foi mantido no forno a 300⁰ C durante 3-4 min.

Diferentes combinações para a preparação de bolachas fortificadas com amaranto.

Combinações	Trigo %	Amaranto %
T1	100	
T2	95	5
T3	90	10
T4	80	20
T5	70	30

3.3 Fluxograma para a preparação de bolachas fortificadas com amaranto.

Farinha de trigo refinada e farinha de amaranto (90:10)

Misturado e peneirado (60 mesh)

Bem misturado com açúcar, gordura e um pouco de

Quantidade de fermento em pó

Pouca água adicionada para fazer a massa

Enrolado numa folha de espessura uniforme, cortado em pedaços redondos

e colocado num

tabuleiro untado

Conservar no forno a 300° C durante 3-4 minutos.

biscoitos

Frio embalado em bolsas laminadas *em* sacos de polietileno

3.3 Métodos analíticos.

Foram utilizados os seguintes métodos para várias determinações.

3.4.1 Propriedades físicas das bolachas fortificadas com amaranto.

3.4.1.1 Peso

Foram selecionadas e pesadas seis bolachas de tamanho e espessura uniformes. O peso médio foi expresso em g.

3.4.1.2 Diâmetro (D):

O diâmetro dos biscoitos foi medido colocando 6 biscoitos de borda a borda e medindo até ao mm mais próximo (A.A.C.C. 1967). Os biscoitos foram rodados a 900 e o seu diâmetro foi medido de novo como uma determinação de controlo. O diâmetro médio dos biscoitos foi reportado em mm.

3.4.1.3 Espessura (T):

T espessura de 6 biscoitos foi medida colocando os biscoitos de borda a borda e colocando uma estaca por cima da outra, respetivamente, foram feitas medições por rearranjo e nova estaca e os valores médios foram tomados e expressos em mm (A.A.C.C. 1967).

3.4.1.4 Fator de dispersão (D/T):

O fator de dispersão foi calculado dividindo o valor médio do diâmetro (D) pelo valor médio da espessura (T) das bolachas (AACC, 1967).

3.4.2 Propriedades químicas das bolachas fortificadas com amaranto.

3.4.2.1 Humidade.

O teor de humidade da amostra foi estimado de acordo com o método da AOAC (1984). 5 g de amostra foram colocados em caixas de humidade previamente pesadas, secas a 105°c durante 24 horas em estufa de ar quente, arrefecidas em dessecadores e novamente pesadas. A diferença de peso da caixa de humidade representa o teor de humidade da amostra.

$$\frac{\text{Diferença de peso}}{\text{Peso da amostra}}$$

3.4.2.2 Proteína.

O teor de proteínas na amostra foi determinado utilizando o procedimento convencional de digestão e destilação Micro-Kjeldhal, como indicado na AOAC (1984).

Reagentes

- Mistura catalisadora - Uma mistura de 100 gm de K_2SO_4, 20gm de CuSO4 e 2,5 gm de SiO_2.
- Hidróxido de sódio a 40% (p/v)
- Ácido bórico 2 % (m/v).
- Ácido sulfúrico concentrado AR (spgr 1.81)
- Indicador misto 2 partes de vermelho de metilo a 0,2 % (m/v) e 1 parte de azul de metilo a 0,2% (m/v) em álcool absoluto.
- Ácido sulfúrico padrão (0,1 N)

Procedimento

Pesa-se com exatidão 0,5 g de amostra e transfere-se para um balão de Kjeldhal, tendo o cuidado de verificar que o material não adere ao gargalo do balão. Adicionou-se a mistura catalisadora de cerca de 1 g e ácido sulfúrico concentrado (5 ml). Em seguida, o balão foi colocado numa posição inclinada na câmara de digestão e aquecido durante cerca de 4-6 horas até o líquido se tornar límpido (cor verde-azulada).

Destilação

Deixou-se arrefecer o conteúdo do balão e transferiu-se

quantitativamente o material de digestão para um balão revestido sob vácuo de um aparelho de destilação micro-Kjeldhal. O amoníaco libertado pela adição de 10 ml de NaoH a 40% durante o aquecimento foi absorvido em 20 ml de ácido bórico contendo 2-3 gotas de indicador misto num erlenmeyer de 100 ml. O amoníaco destilado foi titulado com ácido sulfúrico 0,1N. O ensaio em branco também foi efectuado de forma semelhante.

$$N\ (\%) = \frac{\text{Normalidade do H2SO4 X Volume de H2SO4 0,1N X 14}}{\text{Peso da amostra X 1000}} \times 100$$

Proteína bruta (%) = N X 6,25

3.4.2.3 Gordura.

O teor de gordura da amostra foi determinado pelo procedimento descrito na AOAC (1984). Foram pesados com exatidão 5 g de amostra, colocados num dedal e tapados com algodão. O dedal com o extrator foi colocado sobre um balão de extração previamente tarado (A). O teor de matéria gorda foi determinado por extração da amostra com solvente éter de petróleo (grau AR 60-80°c) durante 8 horas, utilizando o procedimento de extração sox lets. Após a extração, o excesso de solvente foi destilado e o solvente residual foi removido por aquecimento a 80°c na estufa durante 4-6 horas. O teor de matéria gorda foi determinado da seguinte forma:

$$\frac{\text{Peso do balão (b)-peso do balão (A)}}{\text{Peso da amostra}}$$

3.4.2.4 Hidratos de carbono.

Os hidratos de carbono totais das amostras foram estimados pelo método de hidrólise, tal como descrito na AOAC (1984).

Reagentes:

- Conc. HCl (AR spgr 1.25)
- A solução de Fehling

- Solução de Fehling A: 34,64 gm de $CuSO_4.5H_2O$ foram dissolvidos em 500ml de água destilada.

- Solução de Fehling B: dissolveram-se 173 g de tartarato de sódio e potássio e 50 g de hidróxido de sódio em 500 ml de água destilada. A solução de Fehling foi preparada misturando o mesmo volume da solução A e da solução B. Foi preparada diariamente.

- Hidróxido de sódio a 40 % (m/v).

- Indicador azul de metilo 0,1 % (m/v) em álcool a 95%.

- HCl 3N - 68,18 ml de HCl concentrado foram completados até 250 ml com água destilada.

- Dextrose 1%- 1 g de dextrose foi dissolvido em 100 ml de água destilada.

Procedimento:

Colocou-se 2,5 g de amostra no balão e suspendeu-se em 200 ml de água destilada. Adicionaram-se 20 ml de HCl 3N e refluxou-se num condensador de ar durante 3 horas. Após arrefecimento, neutralizou-se com álcali até pH 7,0, filtrou-se e o volume foi aumentado para 250 ml com água destilada.

O teor total de hidratos de carbono do filtrado foi determinado por titulação com a solução de Fehling (A & B, %ml cada), utilizando 1 ml de indicador azul de metilo. O fator foi calculado titulando dextrose a 1% com a solução de Fehling. Em cada titulação, a solução de Fehling no erlenmeyer foi aquecida com uma chama constante e a titulação foi efectuada com o filtrado na bureta até se obter o ponto final (cor vermelho-tijolo). O teor total de hidratos de carbono foi calculado do seguinte modo

$$\text{Dextrose \%} = \frac{\text{Fator} \times 250}{\text{Valor titulado} \times \text{peso da amostra}} \times 100$$

Hidratos de carbono totais (%) = Dextrose % X 0,9

3.4.2.5 Fibra bruta.

O teor de fibra foi determinado por fibra plus - procedimento operacional para fibra bruta.

- Pesar a amostra com exatidão e anotar os pesos (W).
- Transferir a amostra pesada para cadinhos secos em estufa.
- Colocar o cadinho no adaptador metálico da unidade de extração a quente fibra plus e assegurar a vedação adequada do cadinho contra a borracha do adaptador.

Lavagem ácida

- Deitar 150 ml de H_2SO_4 a 1,25 % nos extractores, a partir do topo, para cada amostra.
- Não sair de nenhum sítio sem o cadinho.
- Ligar o instrumento e regular a temperatura inicial para 5000C.
- Após o início da ebulição, reduzir a temperatura para 400^0 C.
- Deixar ferver as amostras em ácido durante 45 minutos.
- Após 45 minutos de ebulição, escorrer o ácido e lavar as amostras duas ou três vezes com água destilada.
- Durante a drenagem, certificar-se de que o botão está no modo de vácuo.

  - Se a drenagem não for eficaz devido ao entupimento da amostra no cadinho, manter o botão no modo de pressão, premir o botão de pressão duas ou três vezes e rodar imediatamente o botão para o modo de vácuo.

Lavagem alcalina

- Deitar nos extractores, a partir do topo, 150 ml de NaoH a 1,25 % para cada amostra.
- Não sair de nenhum sítio sem o cadinho.

- Ligar o instrumento e regular a temperatura inicial para 500^0 C.
- Após o início da ebulição, reduzir a temperatura para 400^0 C.
- Deixar ferver as amostras em álcali durante 45 minutos.
- Após 45 minutos de ebulição, drenar o álcali e lavar as amostras duas ou três vezes com água destilada.
- Durante a drenagem, certificar-se de que o botão está no modo de vácuo.
- Se a drenagem não for eficaz devido ao entupimento da amostra no cadinho, manter o botão no modo de pressão, premir o botão de pressão duas ou três vezes e rodar imediatamente o botão para o modo de vácuo.
- Após a lavagem com álcali, retirar os cadinhos e secá-los em estufa de ar quente a 100^0 C até os cadinhos ficarem isentos de humidade.
- Arrefecer o cadinho quente até à temperatura ambiente, utilizando um exsicador.
- Pesar os cadinhos e registar a leitura (CWBA=W1)
- Colocar todos os cadinhos na mufla a 400^0 C para incineração.
- Arrefecer todos os cadinhos quentes após a incineração até à temperatura ambiente utilizando um exsicador.
- Pesar agora os cadinhos e registar as leituras (CWAA=W2)

CÁLCULO

Peso da amostra = W

CWBA = W1

CWAA = W2

W3 = (W1-W2)

= (W3/W)

% de fibra bruta X100

3.4.2.6 Cinza total.

O teor de cinzas da amostra foi estimado de acordo com a AOAC (1984).

Procedimento

Foram pesados com exatidão 5 g de amostra em porcelana previamente pesada (que foi previamente aquecida a cerca de 600 oC e arrefecida). O cadinho foi aquecido numa mufla durante 6-8 horas a 600-700 °C. Em seguida, foi arrefecido num exsicador e pesado. Para assegurar a conclusão da incineração, o cadinho foi novamente aquecido numa mufla durante 1-2 horas, arrefecido e pesado. Este processo foi repetido até que os pesos consecutivos fossem iguais e as cinzas apresentassem uma cor quase branco-acinzentada.

$$\text{Cinzas (\%)} = \frac{\text{Peso das cinzas X}}{\text{Peso da amostra}} \times 100$$

3.4.3 Estimativa de minerais.

O teor de minerais das bolachas foi obtido por cálculo utilizando valores de tabela (Gopalanet al., 1996). Neste caso, o conteúdo mineral percentual foi calculado com base no conteúdo mineral dos diferentes ingredientes utilizados na formulação das bolachas.

3.4.3.1 Valor energético:

Os valores de energia total foram calculados utilizando os valores 4, 4 e 9 para as proteínas, os hidratos de carbono e as gorduras, respetivamente, do seguinte modo Energia total (kcal/100g) = [(% hidratos de carbono disponíveis X4) + (% proteínas X4) + (% gorduras X9)]

3.4.4 Avaliação sensorial.

As propriedades organolépticas das bolachas fortificadas com amaranto foram avaliadas por um painel de 10 juízes com base nos atributos sensoriais de cor e aparência, aroma, sabor, textura, crocância e aceitabilidade geral. A avaliação foi feita numa escala hedónica de nove pontos, tal como descrito por Amerineet al. (1965).

3.4.4.1 FICHA DE AVALIAÇÃO SENSORIAL.

Dê a classificação dos produtos alimentares fornecidos quanto aos atributos sensoriais com base nas seguintes classificações:

Como   extremamente9

Gosto   muito8

Como   moderadamente7

Como   ligeiramente6

Nem gosto nem não   gosto5

Não gosto   ligeiramente4

Não gosto moderadamente3

Não gosto   muito2

Não gosto   extremamente1

Atributos sensoriais	Código 1	Código 2	Código 3	Código 4	Código 5
Cor e aspeto					
Aroma					
Gosto					
Textura					
Frieza					
Aceitabilidade global					

Comentários:

3.4   Estudos de armazenamento.

T s estudos do prazo de validade das bolachas fortificadas com amaranto foram efectuados em bolsas de polietileno e laminadas durante um período de 3 meses à temperatura ambiente. 100 g das três melhores combinações de bolachas fortificadas com amaranto e amostras de controlo foram embaladas e mantidas à temperatura ambiente durante 90 dias. Todas as amostras foram retiradas periodicamente após 0, 30, 60, 90 dias e analisadas quanto ao teor de humidade, cor e crocância, de acordo com os procedimentos padrão descritos anteriormente no capítulo.

3.5 Análise estatística.

Os resultados/dados da análise para diferentes parâmetros foram analisados estatisticamente para avaliar o grau de variação dentro dos tratamentos em comparação com o controlo. Os dados foram submetidos a uma análise de variância (ANOVA) e à diferença mínima de significância para determinar a diferença entre as médias, analisadas pelo pacote informático Genstat, utilizando o Completely Randomized Design (CRD) a um nível de significância de 5%.

O esqueleto da análise de variância

S. Não	Fonte de variação	d.f.	SS	MSS	F calculado	Valor da tabela F (5%)
1.	Tratamentos	(t-1)		TSS	TMS	TMS/EMS
2.	Erro	(n-t)		ESS	SGA	
	Total	(n-1)				

Onde,

t=Número   de tratamentos

n=Número   de observações

d.f.   =Grau   de liberdade

T.S.S.   =Soma dos quadrados   do tratamento

E.S.S.   =Soma de   erro   do quadrado

T.M.S.   =soma média dos quadrados do tratamento

E.M.S.   =Soma média dos quadrados   do erro

$$c.v. = \sqrt{\frac{EMS}{GM}} \times 100$$

$$SE(d) = \sqrt{\frac{2EMS}{r}}$$

C.D. = t(0.05) x SE(d)

Onde,

C.V.   =Coeficiente de variação

S.E.(d)   =Erro padrão da diferença

G.M.   =Grande   média

C.D.   =Diferença crítica

T(0.05)   =valor t ao nível de 5% de

RESULTADOS

A presente investigação foi efectuada no Departamento de Ciência e Tecnologia Alimentar, Faculdade de Agricultura, JNKVV, Jabalpur, para a "Normalização do processo e desenvolvimento de um produto de valor acrescentado à base de amaranto e avaliação da sua qualidade". Os resultados obtidos durante o inquérito são apresentados neste capítulo sob a forma de tabelas e gráficos.

4.1 Propriedades qualitativas e físicas dos grãos.

As propriedades físicas e os parâmetros proximais foram observados durante a análise dos grãos de trigo e de amaranto e foram utilizados para o desenvolvimento de bolachas nutritivas.

Tabela- 4.1.1 Propriedades físicas do grão

Tipos de grãos	Densidade aparente (g/ml)	Capacidade de absorção de água (%)	Teor de humidade (%)
Trigo	0.72	38.17	11.00
Amaranto	0.84	46.40	6.47

O quadro 4.1.1 mostra que os grãos de amaranto eram mais leves em peso e mais pequenos em tamanho, pelo que tinham uma maior densidade aparente (0,84 /ml) em comparação com o trigo, os ganhos de amaranto mostraram uma melhor capacidade de absorção de água (46,40 %), o que pode ser devido ao menor teor de humidade (6,47%) nos grãos de amaranto.

Quadro 4.1.2 Atributos de qualidade dos grãos.

Tipo de	Parâmetros Proximais (%)

grão	Proteína	Gordura	Cinzas	Hidratos de carbono	Fibra	Energia (Kcal)
Trigo	12.50	1.9	1.8	70.00	2.6	347.10
Amaranto	15.59	7.2	2.95	58.60	4.35	381.81

Os atributos de qualidade dos grãos de trigo e de amaranto, apresentados no quadro 4.1.2, mostram que os grãos de amaranto têm uma composição nutricionalmente melhor do que os grãos de trigo, ou seja, o teor de proteínas (15,59 %), o teor de gordura (7,2 %), o teor de cinzas (2,95 %) e o teor de fibras (4,35 %) foram observados durante a investigação. O teor de hidratos de carbono dos grãos de trigo (70,0 %) foi superior ao dos grãos de amaranto

Quadro 4.1.3 Teor de minerais dos grãos.

Tipos de grãos	Minerais mg/100 g		
	Cálcio	Fósforo	Ferro
Trigo	41.0	306.0	5.30
Amaranto	164.17	466.0	12.49

O quadro 4.1.3 apresenta os dados relativos à composição mineral dos grãos de trigo e de amaranto durante a investigação. Observou-se que os grãos de amaranto têm um melhor conteúdo mineral em comparação com os grãos de trigo. O amaranto tem um teor de cálcio (164,17 mg/100g), fósforo (466,0 mg/100g) e ferro (12,49 mg/100g). No entanto, os grãos de trigo com teor de cálcio (41,0mg/100g   ), fósforo (306,0mg/100g) e ferro (5,30

mg/100g) apenas.

4.2 Caraterísticas físicas e funcionais do amaranto fortificado biscoitos.

Tabela- 4.2.1 Propriedades físicas das bolachas fortificadas com amaranto.

Tratamento	Peso (g)	Diâmetro (mm)	Espessura (mm)	Fator de dispersão
T1	4.84	43.69	6.43	6.79
T2	5.13	42.68	6.32	6.76
T3	5.48	43.31	6.71	6.46
T4	5.10	45.32	7.14	6.34
T5	5.28	41.65	8.12	5.13
SEM ±	0.118	0.019	0.011	0.011
CD a 5%	0.355	0.058	0.035	0.034

4.2.1 Peso

O peso das bolachas fortificadas com amaranto variou entre 4,84 e 5,48 gm. O valor mais alto foi observado no tratamento T3 (5,48g) e o valor mais baixo foi observado no tratamento T1 (4,84g). O valor mais alto foi significativamente superior ao controlo e aos outros tratamentos.

4.2.2 Diâmetro

O diâmetro dos biscoitos fortificados com amaranto variou de 41,65 a 45,32 mm. O valor mais alto foi observado no tratamento T4 (45,32 mm) e o valor mais baixo foi observado no tratamento T5 (41,65 mm). O valor mais alto foi significativamente superior ao controlo e aos outros tratamentos.

4.2.3 Espessura

A espessura dos biscoitos fortificados com amaranto variou de 6,32 a 8,12 mm. O valor mais alto foi observado no tratamento T5 (8,12 mm) e o valor mais baixo foi observado no tratamento T2 (6,32 mm). O valor mais alto foi observado significativamente superior ao controlo e aos outros tratamentos.

4.2.4 Fator de dispersão

O fator de espalhamento das bolachas fortificadas com amaranto foi calculado pelo diâmetro dividido pela espessura, variando de 5,13 a 6,79 D/T. O valor mais alto foi observado no tratamento T1 (6,79) e o valor mais baixo foi observado no tratamento T5 (5,13). O valor mais alto foi significativamente superior ao controlo e aos outros tratamentos.

4.3 Atributos qualitativos de bolachas fortificadas com amaranto.

A análise proximal de bolachas fortificadas com amaranto à base de farinha de trigo e farinha de amaranto em diferentes proporções é apresentada no quadro 4.3.1

Tabela- 4.3.1 Atributos de qualidade das bolachas fortificadas com amaranto

Tratamentos	Parâmetros Proximais (%)						
	Proteína	Gordura	Hidratos de carbono	Fibra	Cinzas	Humidade	Energia
T1	8.01	17.21	62.80	1.66	1.73	6.05	438.06
T2	8.09	17.38	62.41	1.71	1.81	6.02	438.42
T3	8.19	17.55	62.04	1.77	1.91	5.94	438.95
T4	8.39	17.89	61.68	1.88	2.06	5.92	441.29
T5	8.59	18.23	60.49	1.99	2.14	5.79	440.38
SEM ±	0.008	0.009	0.010	0.009	0.016	0.014	0.038
CD a 5%	0.024	0.027	0.031	0.027	0.049	0.042	0.116

4.3.1 Proteína

O conteúdo proteico dos biscoitos fortificados com amaranto variou de 8,01 a 8,59%, como mostra a Tabela 5. O valor mais alto foi observado no tratamento T5 (8,59%) e o valor mais baixo foi observado no tratamento T1 (8,01%). O valor mais alto foi significativamente superior ao controlo e aos outros tratamentos.

4.3.2 Gordura

O teor de gordura dos biscoitos fortificados com amaranto variou de 17,21 a 18,23%, conforme indicado na Tabela 5. O valor mais alto foi observado no tratamento T5 (18,23%) e o valor mais baixo foi observado no tratamento T1 (17,21%). O valor mais alto foi significativamente superior ao controlo e aos outros tratamentos.

4.3.3 Hidratos de carbono

O teor de hidratos de carbono das bolachas fortificadas com amaranto variou entre 60,49 e 62,80 g (Tabela 4.3.1). O valor mais elevado foi observado no tratamento T1 (62,80 %) e o valor mais baixo foi observado no tratamento T5 (60,49 %). O valor mais elevado foi considerado significativamente superior ao controlo e aos outros tratamentos.

4.3.4 Fibra

Os dados apresentados na Tabela 5 revelam que o teor de fibras das bolachas fortificadas com amaranto variou de 1,66 a 1,99%. O valor mais elevado foi observado no tratamento T5 (1,99 %) e o valor mais baixo foi observado no tratamento T1 (1,66 %). O valor mais elevado foi considerado significativamente superior ao controlo e aos outros tratamentos.

4.3.5 Cinzas

O teor de cinzas dos biscoitos fortificados com amaranto variou de

1,73 a 2,14% (Tabela 4.3.1). O valor mais alto foi observado no tratamento T5 (2,14%) e o valor mais baixo foi observado no tratamento T1 (1,73%). O valor mais alto foi significativamente superior ao controlo e aos outros tratamentos.

4.3.6 Humidade

T teor de humidade das bolachas fortificadas com amaranto variou entre 5,79 e 6,05 % (Tabela 4.3.1). O valor mais alto foi observado no tratamento T1 (6,05) e o valor mais baixo foi observado no tratamento T5 (5,79%). O valor mais alto foi significativamente superior ao controlo e aos outros tratamentos.

4.3.7 Energia

O valor energético calculado dos biscoitos fortificados com amaranto variou de 438,06 a 441,29 Kcal, conforme apresentado na (Tabela 4.3.1). O valor mais alto foi observado no tratamento T4 (441,29 Kcal) e o valor mais baixo foi observado no tratamento T1 (438,06 Kcal). O valor mais alto foi significativamente superior ao controlo e aos outros tratamentos.

4.4 Composição mineral das bolachas fortificadas com amaranto.

A farinha de trigo e a farinha de amaranto tiveram efeitos diferentes no conteúdo mineral das bolachas fortificadas com amaranto em comparação com o controlo. Os resultados observados para o conteúdo mineral das bolachas fortificadas com amaranto são apresentados no Quadro 4.4.1

Tabela- 4.4.1 Composição mineral das bolachas fortificadas com amaranto.

Tratamentos	Minerais (mg/100 g)		
	Cálcio	Fósforo	Ferro
T1	26.43	195.53	3.38

T2	30.37	200.55	3.60
T3	34.29	205.61	3.83
T4	42.13	215.68	4.29
T5	50.00	225.77	4.74
SEM ±	0.016	0.028	0.015
CD a 5%	0.048	0.085	0.047

4.4.1 Teor de cálcio

O teor de cálcio dos biscoitos fortificados com amaranto variou de 26,43 a 50,00 mg/100g (Tabela 4.4.1). O valor mais alto (50,00 mg/100g) foi observado no tratamento T5 e o valor mais baixo (26,43 mg/110g) foi observado no tratamento T1. O valor mais alto foi significativamente superior ao controlo e aos outros tratamentos.

4.4.2 Teor de fósforo

Os dados mostrados na tabela 6 revelam que o conteúdo de fósforo dos biscoitos fortificados com amaranto variou de 195,53 a 225,77 mg/100g. O valor mais alto (225,77 mg/100g) foi observado no tratamento T5 e o valor mais baixo (195,53 mg/100g) foi observado no tratamento T1. O valor mais alto foi significativamente superior ao controlo e aos outros tratamentos.

4.4.3 Teor de ferro

O teor de ferro dos biscoitos fortificados com amaranto variou de 3,38 a 4,74 mg/100g (Tabela 4.4.1). O valor mais alto (4,74 mg/100g) foi observado no tratamento T5 e o valor mais baixo (3,38 mg/100g) foi observado no tratamento T1. O valor mais alto foi significativamente superior ao controlo e aos outros tratamentos.

4.5   Propriedades organolépticas de bolachas fortificadas com amaranto.

Foram desenvolvidas diferentes misturas para biscoitos a partir de farinha de trigo e farinha de amaranto e foram submetidas a avaliação sensorial numa escala hedónica de 9 pontos por peritos. A partir das pontuações médias sensoriais e dos comentários dos peritos, foram selecionadas as melhores combinações T3 (trigo + amaranto 90:10) e T2 (trigo + amaranto 95:05).

Tabela- 4.5.1 Propriedades organolépticas das bolachas fortificadas com amaranto.

Tratamento	Aparência e cor	Aroma	Prova	Textura	Crispness	Aceitabilidade global	Mean
T1	8.32	8.12	8.13	8.67	7.80	7.70	8.13
T2	8.14	6.88	8.50	7.50	7.17	7.70	7.63
T3	8.31	7.63	8.23	8.73	8.80	8.63	8.40
T4	7.11	7.93	6.43	7.33	6.70	7.40	7.30
T5	7.11	6.33	6.70	6.27	5.90	6.27	6.40
SEM ±	0.056	0.029	0.08	0.1	0.079	0.065	0.063
CD em 5%	0.168	0.089	0.240	0.300	0.238	0.196	0.190

4.5.1 Aspeto e cor

O aspeto e a cor dos biscoitos fortificados com amaranto variaram de 7,11 a 8,32 (Tabela 4.5.1). O valor mais alto (8,32) foi observado no tratamento T1 e o valor mais baixo (7,11) foi observado nos tratamentos T4 e T5. O valor mais alto do T1 foi observado significativamente superior ao controlo e aos outros tratamentos.

4.5.2 Aroma

Oaroma das bolachas fortificadas com amaranto variou de 6,33 a 8,12 (Quadro

4.5.1) . O valor mais alto (8,12) foi observado no tratamento T1 e o valor mais baixo (6,33) foi observado no tratamento T5. O valor mais alto do T1 foi observado significativamente superior ao controlo e aos outros tratamentos.

4.5.3 Gosto

O sabor dos biscoitos fortificados com amaranto variou de 6,43 a 8,50 (Tabela

4.5.1) . O valor mais alto (8,50) foi observado no tratamento T2 e o valor mais baixo (6,43) foi observado no tratamento T4. O valor mais alto do T2 foi observado significativamente superior ao controlo e aos outros tratamentos.

4.5.4 Textura

A textura dos biscoitos fortificados com amaranto variou de 6,27 a 8,73 (Tabela

4.5.1) . O valor mais alto foi observado no tratamento T3 (8,73) e o valor mais baixo foi observado no tratamento T5 (6,27). O valor mais alto foi observado significativamente superior ao controlo e aos outros tratamentos.

4.5.5 Frieza

A crocância dos biscoitos fortificados com amaranto variou de 5,90 a 8,80 (Tabela 4.5.1). O valor mais alto foi observado no tratamento T3 (8,80) e o valor mais baixo foi observado no tratamento T5 (5,90). O valor mais alto registado foi significativamente superior ao controlo e aos outros tratamentos.

4.5.6 Aceitabilidade global

A aceitabilidade geral dos biscoitos fortificados com amaranto variou de 6,27 a 8,63 (Tabela 4.5.1). O valor mais alto foi encontrado no tratamento T3 (8,63) e o valor mais baixo foi observado no tratamento T5 (6,27). O valor mais alto foi significativamente superior ao controlo e aos outros tratamentos.

4.5.7 Média

O valor da pontuação média dos biscoitos fortificados com amaranto variou de 6,40 a 8,40 (Tabela 4.5.1). O valor mais alto foi registado no tratamento T3 (8,40) e o valor mais baixo foi observado no tratamento T5 (6,40). O valor mais alto foi considerado significativamente superior a todos os outros tratamentos.

4.6 Prazo de validade das bolachas fortificadas com amaranto.

4.6.1 Efeito do armazenamento na aceitabilidade global das bolachas fortificadas com amaranto.

O valor da pontuação média da aceitabilidade global das bolachas fortificadas com amaranto é apresentado na tabela 8 acima. A pontuação máxima (8,30) da aceitabilidade global das bolachas fortificadas com amaranto foi registada no tratamento T3 (trigo 90%+amaranto 10%) na fase inicial de armazenamento em ambos os materiais de embalagem. O valor mínimo de pontuação (7,78) foi registado nas bolachas de controlo (trigo) após 90 dias de armazenamento em sacos de polietileno. A tabela mostra que a aceitabilidade geral das bolachas fortificadas com amaranto diminuiu com o aumento do período de armazenamento, mas o material de embalagem não afectou razoavelmente a aceitabilidade geral das bolachas fortificadas com amaranto.

Tabela- 4.6.1 Efeito da capacidade de armazenamento na aceitabilidade das bolachas fortificadas com amaranto

Material de	Tratament	Período de armazenamento (dias)	Média

embalagem	os	0	30	60	90	
Sacos de	Tı	8.08	8.00	7.90	7.78	7.94
polietileno	T3	8.30	8.27	8.24	8.21	8.25
Bolsas	Tı	8.07	8.03	7.94	7.85	7.97
laminadas	T3	8.30	8.28	8.27	8.25	8.27

DISCUSSÃO

A indústria de panificação é uma das maiores e mais organizadas indústrias alimentares em todo o mundo e, em especial, os biscoitos e as bolachas são um dos produtos mais populares devido à sua conveniência, à sua natureza pronta a comer e ao seu longo prazo de validade. O valor nutritivo dos produtos de pastelaria, como bolachas e biscoitos, pode ser melhorado através da fortificação com proteínas, minerais como o cálcio, fósforo, ferro e fibras, pelo que o produto pode ser utilizado eficazmente no programa de nutrição infantil (ICDS) e também como suplemento à dieta dos idosos e da secção mais fraca da população. A farinha de amaranto, sendo rica em proteínas e minerais (cálcio, fósforo, ferro), pode ser utilizada na preparação de biscoitos, a fim de melhorar a qualidade nutricional em termos de proteínas e minerais. Verificou-se que a substituição parcial da farinha de amaranto por farinha de trigo e de arroz era benéfica para os indivíduos com NIDDM (Diabetes Mellitus Não Dependente de Insulina) devido ao seu elevado teor de aminoácidos, cálcio e ferro (Chaturvedi et al., 1997).

5.1 Avaliação sensorial de bolachas fortificadas com amaranto:

Na presente investigação, biscoitos ricos em proteínas e minerais foram feitos de farinha de trigo e farinha de amaranto com todos os outros ingredientes essenciais. O rácio de mistura de farinha de trigo e farinha de amaranto foi de 100:00, 95:05, 90:10, 80:20, e 70:30 denotado como T1, T2, T3, T4, e T5 respetivamente. As bolachas feitas com farinha de trigo refinada 100:00 foram usadas como controlo (T1). Os resultados mostraram que os valores de todos os atributos sensoriais de qualidade, nomeadamente, aspeto e cor, aroma, sabor, textura, crocância e aceitabilidade geral foram considerados aceitáveis até ao nível de 10 por cento de suplementação de farinha de amaranto. No entanto, com uma proporção de 20 e 30 por cento, observou-se uma diminuição dos valores de vários parâmetros organolépticos. A informação acima indica que a mistura de farinha de amaranto para além de 10 por cento afecta ligeiramente os parâmetros de qualidade sensorial. Estes resultados foram bem apoiados por investigadores anteriores (Emire e Arega 2012; Nidhi e Indira 2012; Elizabeth 2010; Reddy et. al 1990).

5.2 Composição aproximada de bolachas fortificadas com amaranto:

A composição proximal das bolachas fortificadas com farinha de amaranto em grão e farinha de trigo revelou que o teor de proteínas, gorduras, fibras e cinzas variou significativamente em comparação com o controlo. As bolachas fortificadas com 10% de farinha de amaranto em grão apresentavam 8,19% de proteína, 17,55% de gordura, 1,77% de fibra e 1,91% de cinzas. No entanto, as bolachas feitas apenas com farinha de trigo refinada continham 8,01% de proteína, 17,21% de gordura, 1,66% de fibra e 1,73% de cinzas. Enquanto que as bolachas do tratamento de controlo continham uma maior quantidade de hidratos de carbono. Observou-se uma tendência para a adição de farinha de amaranto aumentar os parâmetros de proximidade, exceto o teor de hidratos de carbono. Os resultados acima referidos foram bem apoiados por outros trabalhadores (Emire e Arega 2012; Nidhi e Indira 2012; Elizabeth 2010; Reddy et. al 1990).

5.3 Composição mineral de bolachas fortificadas com amaranto:

A composição mineral das bolachas fortificadas com amaranto e farinha de trigo refinada mostra que, com a adição de farinha de amaranto, há uma tendência significativa para o aumento de minerais como o cálcio, o fósforo e o ferro. Resultados semelhantes foram também registados por outros investigadores (Emire e Arega 2012; Nidhi e Indira 2012; Reddy et. al 1990).

5.4 Prazo de validade dos biscoitos:

Observou-se que a aceitabilidade geral das bolachas fortificadas com amaranto diminuiu com o aumento do período de armazenamento, mas o material de embalagem não afectou razoavelmente a aceitabilidade geral das bolachas fortificadas com amaranto. Foram consideradas mais aceitáveis até 30 dias. Concluiu-se que as bolsas laminadas podiam ser consideradas melhores do ponto de vista da armazenagem.

RESUMO

Geralmente, a farinha de trigo refinada tem sido utilizada para o fabrico ou produção de produtos de pastelaria como bolachas, biscoitos, pão, pãezinhos, etc. Mas a farinha de trigo refinada é considerada nutricionalmente pobre devido à deficiência de certos aminoácidos essenciais como a lisina.

As bolachas são também um dos snacks prontos a comer versáteis e muito apreciados por todos os grupos etários.

A presente investigação, intitulada "Normalização do processo para o desenvolvimento de um produto de valor acrescentado à base de amaranto e avaliação da sua qualidade", teve como objetivo desenvolver bolachas nutritivas enriquecidas com proteínas e minerais como o cálcio e o ferro. As principais conclusões obtidas durante a experiência foram resumidas nos seguintes pontos

- As bolachas fortificadas com amaranto T3 (trigo + amaranto) na proporção de 90:10 foram as bolachas fortificadas com amaranto mais bem formuladas, ricas em nutrientes e com excelente aceitabilidade geral.

- As bolachas de mistura de amaranto tinham uma maior quantidade de cálcio em comparação com as bolachas de farinha de trigo refinada de controlo.

- A fortificação de 10% de farinha de amaranto em bolachas fortificadas com amaranto à base de trigo pode ser recomendada para aumentar e melhorar o valor biológico da proteína e de outros nutrientes como o cálcio e o fósforo.

- Durante o armazenamento, os sacos de saco laminados foram considerados bons, em comparação com os sacos de polietileno, para manter os produtos de boa qualidade durante o período de 90 dias.

- Verificou-se que o prazo de validade das bolachas fortificadas com amaranto formuladas com T3 (trigo+amaranto, rácio 90:10) era melhor em ambos os materiais de embalagem durante o período de três meses à temperatura ambiente.

6.2. Conclusão

Com base na presente investigação, concluiu-se que a farinha de amaranto, sendo rica em proteínas e minerais (cálcio, fósforo, ferro), pode ser utilizada na preparação de bolachas deliciosas, a fim de melhorar a qualidade nutricional em termos de proteínas e minerais. Estas bolachas podem ser guardadas em sacos laminados para uma conservação segura.

6.3. Sugestões para trabalhos futuros

- O consumo de bolachas incorporadas com farinha de amaranto deve ser encorajado, uma vez que são benéficas para melhorar o estado nutricional e de saúde da população em geral.

- A viabilidade técnico-económica das bolachas fortificadas com amaranto deve ser avaliada.

- Para identificar os vários microrganismos durante a armazenagem e a embalagem, devem ser efectuados estudos durante períodos mais longos.

- Além disso, utilizar vários tipos de material de embalagem para melhorar a vida útil das bolachas fortificadas com amaranto.

- É necessário selecionar cultivares melhoradas para aumentar o valor nutricional das bolachas fortificadas de amaranto.

REFERÊNCIAS

A.O.A.C .1995. Métodos oficiais de análise. 16th Edn. Association of Official Analytical Chemists. Washington DC.

A.A.C.C. 1967. Approved methods of American Cereal Chemists, Cereal Laboratory Methods St. Poulminnesots USA.

A.O.A.C.1984. Métodos Oficiais de Análise, 14ª edição. Association of official Agriculture Chemist. Inc., Arlington, V.A. , Arlington, V.A.

Amerine MA , Pang nascido RM e Rosseier EB. 1965. Princípio do controlo sensorial avaliação dos alimentos. Imprensa académica, Londres.

Awasthi P e Yadav M.C. 1998. Effect of incorporation of liquid dairy by products on sensory and storage characteristics of soy-fortified biscuits. Journal of Food Science and technology. 35 (6): 493.

Akubugwo I. E., Obasi N. A., chinyere G. C. e ugbogu A. E. 2007. Nutritional and chemical value of amaranths hybrids I. Leaves from afikpo, Nigeria, Nigeria african journal of biotechnology vol 6 (24), pp. 2833- 2839,17 ecember, 2007.

Ana mariacalderon de la barca & mariaelvirarojas-martinez & alma rosaislas rubio & franciscocabrera-chavez. 2010. Pães e biscoitos sem glúten de farinhas de amaranto cruas e estaladas com qualidades tecnológicas e nutricionais atractivas alimentos vegetais nutrição humana. 2010. 65:241-246.

Chaturvedi A., Sarojini G., Nirmala G., Nirmalamma N. e Satyanarayana D. 1997. Glycemic index of grain amaranth, wheat and rice in NIDDM subject. Nutrição Humana Alimentar Vegetal. , 50 : 171 - 173.

Dreher M. L. e Patek J. W. 1984.Effect of supplementation of short bread cookies with roasted whole navy bean flour and high protein flour.Journal of Food science.49

(3): 922.

Evgeny N. Ofitserov. 2001. Amaranto: matéria-prima em perspetiva para a indústria alimentar e farmacêutica - química e simulação computacional. Comunicações Butlerov. 2001. Vol.2. No.5.

Elizabeth A.A. 2010. Grãos antigos: Oportunidades e desafios para o amaranto, a quinoa, o painço, o sorgo e o tef em produtos alimentares sem glúten. Reunião Anual do IFT.

Fayemi, P.O. 1981. Nigerian vegetables.Heineman educational books (Nig.) PIC. P. 94-95.

França, Centro de Recheredes Foch. 1988).Biscoito de amêndoa ou noz fabricado industrialmente. Medicina e nutrição, 24 (4): 238.

Gopalan C., Ramasastr B.V. e Balasubramanian S.C. (1996).Nutritive Value of Indian Food Indian Council of Medical Research, Hyderabad India.

Garuda A.M. 2004. Grão de amaranto, garuda internacional . Recuperado de Garuda International.www.garudaint.com/product.php.

Gupta S. e Grewal R. B.   2003. Estudos sobre a utilização de pó de cenoura em biscoito para melhorar os seus valores nutricionais protectores. IFCON :102.

Kumar P., Yadav R.K., Gollen B., Kumar S., Verma R.K. e Yadav S. 2011. Conteúdo Nutricional e Propriedades Medicinais do Trigo. Investigação em Ciências da Vida e Medicina Vol. 22.

Ktwaliwale N., Gandhi A. P, Kawalkar J., Srivastav D. C., Parihar V. S. e Nadh P.R. 2001. Effect of incorporation of defated soy flour on the quality of sweet biscuits. Journal Food Science & Technology. 38 (5) 502-503.

Kaul P., Sindhukanaya T.C. e Singh S. A. 2003. Desenvolvimento de um snack cozinhado com elevado teor proteico e energético. IFCON: 103.

Leelavathi K. e Rao P.H. 1993. Desenvolvimento de biscoitos com alto teor de fibra utilizando farelo. Journal of Food Science & Tech.30 (3): 187-191.

Ljubica P. D., Marija I. Bodroza S., Miroslav S. H. e Ivana R.N. 2009. Propriedades de snacks extrudidos suplementados com grãos de amaranto biblid: 1450-7188 2009 40, 17-24 artigo científico original 17.

Mburu M. W., Nicholas k.G., Glaston M.K. e Alfred M. M. 2012. Propriedades de um alimento complementar à base de grãos de amaranto (amaranthus cruentus) cultivados no Quénia. Nairobi Journal of Agriculture Food Technology, 1(9)153-178, 2011.

Mishra A., Kalpana K.   2003. Incorporação de farinha de batata no fabrico de biscoitos. Planta

Foods for Human Nutrition, 58 (3): 1-9.

Bhatiwada N. e Indira V. 2012. Pontuação organoléptica e nutritiva de produtos de cereais de valor acrescentado a partir de amaranto de grão (Amaranthus spp.)
Ind.

Journal of Nutrition Dietet, 49: 31-37.

Okaka J. C. 1997. Cereais e leguminosas: Tecnologia de armazenamento e transformação. Data and Microsystems publishers, Engu, Nigéria, pp. 11-124.

Onweluzo J.C. e Lwezu E.N. 1998. Composição e caraterísticas de biscoitos de mandioca-soja e de trigo-soja. Journal of Food science. and Technology. (Índia) 35(2):128-131.

Rao T.S., Ramanuja M.N., Ashok N. e Vibhakar H.S.1995. Propriedades de armazenamento de biscoitos incorporados com ovo inteiro em pó. Journal of

Food Science and Technology, 32 (6): 470-476.

Reddy N. S., Wagmare S.Y. e Pandey V. 1990. Formulação e avaliação de misturas de desmame caseiras com base em alimentos locais. Food and Nutrition Bulletin, 12 (2):138-140.

Rao B.R., Rajor R.B. e Patil G. R. 1984. Formulação de biscoito rico em proteínas a partir de jowar, soja e leite desnatado. Journal of Food Science and Technology, 21 (4): 236-239.

Rajput L.P., Rao P.H. e Shurpalekar S. R. 1988. Use of unconventional protein source in high protein biscuits. Journal of Food Science and Technology.25 (1): 31-34.

Rajor R.B. , Thomkinson O.K. , Rao B.R. 1989. Formulação de biscoito rico em proteínas de jowar, soja e leite desnatado. Journal of Food Science and Technology. 21 : 236-239.

Singh B.M., Bajaj S., Kumar A., Sharma J.S.1993. Estudos sobre o desenvolvimento de farinhas compostas para bolachas com elevado teor de proteínas. Plant Food for Human Nutrition.43 (2): 181 -189.

Srivastava S., Singh P., Dhyani M. e Singh G. 2002. Desenvolvimento de biscoitos de baixo índice glicémico contendo painço para diabéticos. CFOST (AFST) (1) : 76.

Swamy Y.S., Susha K.S., Premavalli e Bawa A.S. 2003. Desenvolvimento de misturas de biscoitos funcionais IFCON: 105.

Sindhuja, Sudha M. L Rahim A. 2005. Effect of incorporation of amaranth flour on the quality of cookies our food res technology (2005) 221: 597-601.

Solve S.P. Nalawade V.M., Kshirsagar R.B., Sawate A.R., e Yadav G.B. 2010. Desenvolvimento e avaliação da qualidade do biscoito de sementes de rajkeera. Bionano Frontier vol. 3(2) julho-dezembro 2010 : 296-299.(ISSN 0974-0978).

Sehecie B. e Vedrina D.I. 2005. Os biscoitos como fonte de cálcio, magnésio, sódio e potássio na alimentação. Deutsche Lebensmittel-Rundschau101: 392-397.

Singh G., Sehgal S., Kawatra A., e Preeti. 2006. Mineral profile, anti-nutrients and in vitro digestibility of biscuit prepared from blanched and malted pearl millet flour. Nutrition and food science 36 (4); 231-239.

Semwal A.D., Narasimhamurthy M.C. e Arya S.S. 1996. Composição de algumas bolachas disponíveis no mercado. Journal of Food Science and Technology.32 (2): 112-115.

Mlakar S.G., Jakop M., Bavec M., Bavec F. 2010. O amaranto de grão como cultura alternativa e perspetiva em clima temperado revijazageografijo - revista de geografia, 5-1, 2010, 135-145

Mlakar S.G., Jakop M., Bavec M., Bavec F. 2009. Valor nutricional e utilização do amaranto de grão: potencial aplicação futura   no fabrico de pão niversidade de
maribor, faculdade de agricultura   e ciências da vida, pivola 10, 2311 hoce, Eslovénia agricultura 6: 43-53   .

Emire S. A. e Arega M. 2012 Desenvolvimento de produtos de valor acrescentado e caraterização da qualidade do amaranto (Amaranthus caudatus L) cultivado na África Oriental. Jornal Africano de Ciência e Tecnologia Alimentar, Vol. 3(6): 129-141.

Singh R. Singh G. e G. S. 1996.Effect of incorporation of defatted soy flour on the quality of biscuits.J, Food Sci.and Tech. 33 (4): 355-357.

Singh R. Singh G. e Chouhan G. S. 1997. Desenvolvimento de biscoitos fortificados com soja: padronização dos níveis de gordura e açúcar. J. Food Sci. and Tech. (Índia) 34 (6): 529-531.

Sadana B, Chabra C. 2004. Desenvolvimento e avaliação sensorial de uma formulação alimentar de baixo custo para o desmame Journal of Human Ecology 16 (2): 133-136.

Sinha LK e Nawab A. 1993. Preparação de farinha de soja com teor médio de gordura em pequena escala. Journal of Food Science Technology 30 (1): 14.

Singh, R. , G. Singh, e G. S. Chouhan 2002 Desenvolvimento de biscoitos fortificados com soja e estudos de validade. Journal of Food Science Technology. 37 (3): 300-303.

Swamy, M. S. L, Prasad N. N, Viswanathan K. R. e Santhanam K. 2004. Nutritional quality of egg-fortified biscuits (Qualidade nutricional de biscoitos fortificados com ovo). Journal of Food Science Technology. 41 (5): 534-536   .

Tsen, C.C, Hoover, W.J. e Phillips, D 1971. High protein bread, BakersDig. 45:20.

Tripathi S.P. , Singh M. e Singh D. S. 2003. Efeito da mistura de farinha de soja com farinha de trigo na capacidade de fratura de biscoitos./FCOA/:107.

Tania aparecida pinto de castro ferreira e Jose alfredo gomes areas. 2004. valor biológico proteico do grão de amaranto extrusado, cru e tostado pesquisaagropecuaria tropical, 34 (1): 53-59, 2004 . 53.

Whitly, P.R. 1970. Biscuit Manufacture. Applied science Publishers Lts. Londres, Reino Unido.

Printed by Books on Demand GmbH, Norderstedt / Germany